José Machado
José Ferrer

Bioreactor de coluna de leito fixo

José Machado
José Ferrer

Bioreactor de coluna de leito fixo

Os processos biotecnológicos contribuíram muito para a
reutilização e revalorização dos resíduos agro-industriais

ScienciaScripts

Publisher:
Sciencia Scripts
is a trademark of
Dodo Books Indian Ocean Ltd. and OmniScriptum S.R.L publishing group

120 High Road, East Finchley, London, N2 9ED, United Kingdom
Str. Armeneasca 28/1, office 1, Chisinau MD-2012, Republic of Moldova, Europe
Printed at: see last page
ISBN: 978-620-7-80037-7

Bioreactor de coluna de leito fixo

1

José Luis Machado Pulgar

José Ramón Ferrer González

ÍNDICE

# RESUMO

O conhecimento das propriedades físicas de um material, em cada uma das etapas da fermentação em estado sólido, desempenha um papel especialmente importante no desenvolvimento ótimo destes processos e na posterior manipulação dos produtos finais. O objetivo deste trabalho foi levantar um modelo empírico que permita prever as propriedades estruturais de um material lignocelulósico para o processo de fermentação em estado sólido. Para isso, foram coletados dados de perda de carga para diferentes vazões de ar, que é passado através de um biorreator cilíndrico de leito fixo contendo casca de laranja (*Citrus x sinensis*) triturada durante doze dias de fermentação, num intervalo de três dias. Foram obtidos experimentalmente os valores da densidade das partículas sólidas, da densidade aparente e da porosidade, bem como a temperatura e o teor de humidade em cada fase. Os valores de perda de carga, caudal e vazão foram correlacionados, resultando equações quadráticas com um coeficiente de correlação de Ergun de cerca de 0,99, modelo ajustado. Foi efectuada uma análise dimensional com os parâmetros envolvidos no sistema e obtido um conjunto de equações que, em conjunto com as anteriores, permitiram determinar as propriedades estruturais da matriz de material lenho-celulósico a partir dos valores medidos de queda de pressão em função da velocidade do fluxo de ar. Verificou-se que os leitos de meios porosos, pelo menos na casca de laranja, podem ser modelados usando as equações que prevêem a mecânica dos fluidos em leitos de meios porosos inertes. Durante o processo de fermentação há uma alteração do tamanho efetivo das partículas, efeito dos microrganismos, evidenciado pelo aumento da queda de pressão por unidade de comprimento para o mesmo caudal.

Palavras-Chave: modelo empírico, leito fixo lignocelulósico, fermentação em estado sólido, propriedades físicas estruturais.

<u>INTRODUÇÃO</u>

Os processos de reutilização e revalorização de resíduos agro-industriais, como o farelo de trigo, o bagaço de uva, a polpa de café, a fibra de cana-de-açúcar ou a casca de laranja, entre outros, estão a ser cada vez mais utilizados. Os processos biotecnológicos, especialmente a fermentação em estado sólido (FES), têm contribuído para essa reutilização, ajudando a resolver problemas de contaminação causados pela sua acumulação.

A SSF é um método adequado para o processamento e utilização de materiais lignocelulósicos residuais de processos agro-industriais. O conhecimento das propriedades físicas do material, em cada uma das fases de fermentação, desempenha um papel particularmente importante no desenvolvimento ótimo destes processos, bem como no manuseamento subsequente dos produtos finais.

A literatura relata métodos de caraterização de matrizes orgânicas, submetidas a diferentes processos de transformação, relacionando os parâmetros físicos entre si. Neste trabalho, é proposto um modelo empírico que permite a predição das propriedades estruturais de um material lignocelulósico, com casca de laranja (*Citrus x sinensis*), durante o processo de fermentação em estado sólido.

Os dados obtidos são correlacionados por meio de análise dimensional, para obter um modelo empírico com parâmetros adimensionais que relacionam as variáveis físicas, as características dos materiais e a dinâmica do fluxo de gás. Os valores obtidos pelo modelo são comparados com os medidos por procedimentos experimentais e com os previstos pelo modelo de Ergun. Espera-se que o modelo proposto permita prever, com a melhor aproximação, as características físicas do material para as diferentes fases do processo de fermentação.

CAPÍTULO I. O PROBLEMA

1.1 Declaração do problema

O crescimento da população humana gerou um aumento da chamada biomassa residual, constituída por resíduos provenientes de actividades agrícolas, agro-industriais, alimentares e florestais e por resíduos sólidos urbanos, que representam um grande problema ambiental devido aos seus efeitos poluentes.

Os métodos utilizados para a gestão destes resíduos são diversos e incluem a combustão direta, processos termoquímicos como a gaseificação e a pirólise, e tratamentos biológicos de biodegradação aeróbia e anaeróbia, entre outros. Cada método requer o conhecimento e a gestão de um conjunto de propriedades físicas para condicionar o substrato (resíduo) para o processo, como parâmetros de controlo e otimização do processo e para a gestão posterior do material ou materiais produzidos.

Entre os métodos adequados para a gestão e aproveitamento de resíduos lignocelulósicos gerados em atividades agrícolas e agroindustriais, como bagaço de cana-de-açúcar, polpa de café, engaço de uva ou casca de laranja, está a Fermentação em Estado Sólido (FES), como a compostagem, que é realizada pela colocação do substrato em pilhas ou no interior de recipientes ou reatores de diferentes geometrias. Uma vez que se trata de um processo aeróbio, o seu desenvolvimento ótimo requer uma disponibilidade adequada de oxigénio, proporcionada pelo arejamento forçado ou passivo, que por sua vez permite a manutenção do perfil de temperatura e do teor de humidade necessários à atividade microbiológica.

O mecanismo de arejamento é efectuado através da passagem de ar através do leito constituído pela massa dos resíduos a processar. Dada a morfologia variada destes substratos, formados como uma matriz porosa (ou granular) devido ao empacotamento de partículas de vários tamanhos, o processo de arejamento é considerado como o fluxo de um gás através de um meio poroso.

Vários modelos derivados de teorias de meios porosos baseadas na Lei de Darcy têm sido propostos para descrever os parâmetros físicos e a dinâmica do fluxo de ar através de várias matrizes orgânicas, com resultados bons ou aceitáveis, como o modelo semi-empírico de Ergun. No entanto, estes dependem do material ou substrato utilizado e as constantes do modelo dependem do grau de correlação com os valores obtidos por diferentes métodos de medição, originalmente concebidos para caraterizar pequenas quantidades de meios porosos, como rochas e solos, que não fornecem valores representativos da matriz sólida orgânica.

Consequentemente, o mecanismo de arejamento depende de um conjunto de parâmetros físicos relacionados com a estrutura do material, tais como a porosidade, a permeabilidade e a densidade do meio. Além disso, à medida que o processo de biodegradação avança, o substrato transforma-se noutra matéria orgânica, variando o teor de humidade, a densidade, a dimensão e a forma das partículas, pelo que os parâmetros de fluxo se alteram ao longo do tempo.

É então necessário determinar as propriedades estruturais, nas diferentes fases da fermentação, para estabelecer os parâmetros que permitem controlar e obter um produto com as qualidades desejadas.

Coloca-se a seguinte questão:
Será possível desenvolver uma técnica ou um processo simples e geral para obter um modelo empírico que permita prever os valores dos parâmetros estruturais nas diferentes fases de um processo de fermentação em estado sólido?

4.1   Objectivos da investigação

1.2.1 Objetivo geral

Formular um modelo empírico que permita a previsão das propriedades estruturais de um material lignocelulósico, como a casca de laranja (*Citrus x sinensis*), durante o processo de fermentação sólida.

1.2.2 Objectivos específicos

Caracterizar a estrutura de leitos fixos de material lignocelulósico nas diferentes fases do processo de fermentação sólida.

Analisar a variação dos parâmetros de escoamento (perda de carga e velocidade de escoamento do ar), em função dos parâmetros estruturais obtidos anteriormente.

Determinar os parâmetros sem dimensão que relacionam as variáveis físicas envolvidas no sistema.

Explicar o significado físico dos parâmetros adimensionais obtidos, comparando-os com os parâmetros previstos pelo modelo de Ergun.

4.1   Justificação e delimitação da investigação

Devido aos elevados preços dos combustíveis fósseis e ao fenómeno do aquecimento global, existe um interesse crescente no desenvolvimento de energias alternativas não poluentes baseadas na utilização de recursos renováveis, como os biocombustíveis a partir de materiais lenho-celulósicos provenientes de culturas e produtos residuais da agroindústria, como o bagaço de cana-de-açúcar, resíduos de soja, milho, arroz, engaço ou bagaço de uva, cascas de laranja, entre outros.

Estes materiais são também utilizados como substitutos da madeira na produção de pasta de papel. Da mesma forma, através de processos de fermentação em estado sólido, constituem matérias-primas para a produção de fertilizantes orgânicos e/ou condicionadores de solos, rações para gado e produção de enzimas, de grande utilização industrial.

A fermentação em estado sólido é um processo de transformação da matéria orgânica por microrganismos termofílicos, que necessitam de nutrientes, oxigénio e humidade adequados para o desempenho da sua atividade. A literatura relata pesquisas suficientes que verificam a importância do pleno conhecimento dos materiais e da interação de um conjunto de propriedades estruturais, tais como umidade, densidade, porosidade, permeabilidade, tamanho e forma das partículas, bem como pH, temperatura, taxas de aeração, entre outras, para o ótimo desempenho da atividade microbiana e do processo.

A investigação em geral tem sido orientada para estabelecer correlações sobre as interacções destes parâmetros entre si, para materiais orgânicos, determinadas a partir de medições *in situ*, sem a possibilidade, em alguns casos, de alargar o método a outros substratos e outras condições.

Nesta investigação pretende-se obter um modelo empírico que represente um método geral aplicável a outros substratos. Este modelo permitirá determinar as propriedades estruturais de uma matriz de material lignocelulósico, relacionando-as com os valores medidos da perda de carga em função da velocidade do fluxo de ar, que passa ao longo de um leito de material lignocelulósico durante o processo de fermentação.

O estudo é uma contribuição para o conhecimento das propriedades dos meios porosos orgânicos e da física dos materiais granulares, que são pouco investigados no país.

Esta investigação enquadra-se no domínio da física da matéria condensada, especificamente na determinação das propriedades físicas dos materiais e na mecânica dos fluidos, utilizando a análise dimensional e as equações de Ergun como modelos para descrever o escoamento através de leitos porosos empacotados.

CAPÍTULO II. ENQUADRAMENTO TEÓRICO

2.1 Antecedentes da investigação

A importância da determinação das propriedades físicas e fluidodinâmicas de materiais ou substratos orgânicos, como os resíduos lignocelulósicos, parte da biomassa vegetal constituída por celulose, hemicelulose e lignina, tem sido amplamente comprovada na literatura científica.

Estes resíduos são sujeitos a determinados métodos de transformação, como a fermentação em estado sólido, nos vários processos necessários para a sua adequação, processamento e manuseamento subsequente. Entre estas propriedades, dependendo das características do método, contam-se o teor de humidade, a densidade aparente em base húmida e/ou seca, a densidade das partículas, a porosidade (geralmente referida como espaço livre de ar ou porosidade preenchida com ar), a permeabilidade, a dimensão ou o diâmetro das partículas, o fator de forma ou esfericidade, a área de superfície efectiva, bem como a disponibilidade de oxigénio proporcionada pelo arejamento. A interdependência entre estas propriedades também é referida na literatura.

Chandler, Ferrer, Mármol, Páez, Ramones & Perozo, na pesquisa intitulada "Efeito da aeração na compostagem do bagaço de cana-de-açúcar" [2], estudaram a produção de adubo orgânico a partir do bagaço de cana-de-açúcar por meio da compostagem em biorreator de leito compactado cilíndrico de 100 L de capacidade. Sob variações de vazão de ar e tempo de aeração permitidas pelas condições do equipamento, foram obtidos valores adequados de pH e valores médios de temperatura máxima que impedem o desenvolvimento de microrganismos patogênicos, garantindo a qualidade microbiológica do produto obtido.

O efeito do arejamento e do tempo de arejamento no bioprocesso semi-sólido do bagaço de uva sobre os parâmetros indicadores da biotransformação foram estudados na investigação denominada "Fermentação em estado sólido de resíduos gerados na indústria vinícola", realizada por Berradre, Mejías, Ferrer, Chandler, Páez, Mármol, Ramones

& Fernández [3]. O processo foi conduzido num biorreactor cilíndrico de leito fixo com uma capacidade operacional de 98 litros, ligado a um rotâmetro e a um compressor para medir os fluxos de ar, durante tempos de arejamento de 2 e 3 horas. A partir da análise de variância aplicada, foi estabelecido que o efeito causado pelo fluxo de ar sobre o teor de azoto, o teor de carbono e a relação (C/N) não dependia do tempo de arejamento selecionado.

O caudal de ar utilizado e os tempos de arejamento afectaram o teor de azoto no produto obtido, mas não o teor de carbono; por outro lado, o caudal de ar utilizado afectou a relação (C/N), enquanto os tempos de arejamento não afectaram esta relação. Entre todos os caudais de ar e tempos de arejamento, as condições de 50 L/min e 2 horas de arejamento garantiram a obtenção de um bom adubo orgânico, com um consumo mínimo de energia.

Mohee & Mudhoo, no artigo intitulado "Analysis of the physical properties of an in-vessel composting matrix" [4], determinaram correlações entre um conjunto selecionado de propriedades físicas de uma matriz de compostagem em descontínuo, constituída por uma mistura de aparas de madeira, estrume de galinha e vegetais verdes misturados num tambor rotativo de 200 L. Foram feitas medições diárias nas amostras sólidas de temperatura, pH, sólidos voláteis, densidade aparente, teor de humidade, ar vazio e densidade dos substratos particulados.

Os resultados da monitorização do processo de compostagem foram uma diminuição acentuada do espaço livre de ar no final do processo, uma variação na densidade média das partículas do material de compostagem e um aumento da densidade húmida. O espaço livre de ar varia linearmente com a densidade aparente seca e húmida. Pretendeu-se também demonstrar a complexidade do processo global, mostrando na análise as numerosas alterações que ocorrem nas propriedades físicas durante o processo de degradação biológica.

Na pesquisa "Air-filled porosity and permeability relationships during solid-state fermentation", desenvolvida por Richard, Veeken, de Wilde & Hamelers [5], foi construído um aparato experimental para medir os parâmetros estruturais de meios porosos orgânicos (resistência mecânica, porosidade preenchida por ar, permeabilidade ao ar e tamanho de partícula de Ergun), fundamentais para a engenharia de sistemas de bioconversão aeróbia. Foram feitas medições de uma mistura de palha e estrume de porco, antes e depois de 13 dias de compostagem enfardada, medindo a porosidade com um picnómetro, a quatro e cinco níveis de humidade, testando com cada nível uma vasta gama de densidades diferentes. Medindo a densidade aparente, a humidade e o teor de matéria orgânica, a porosidade preenchida com ar foi prevista com precisão. Os resultados desta investigação alargam a teoria dos meios porosos a matrizes orgânicas comuns de fermentação em estado sólido, ajudando a construir um quadro para a conceção quantitativa e mecanicista da engenharia.

Ahn, Richard & Glanville [6] estudaram os parâmetros físicos de uma grande variedade de potenciais materiais de cobertura na compostagem de mortalidade, desenvolvendo uma relação geral sobre as características do fluxo de ar (porosidade e permeabilidade preenchidas pelo ar) para diferentes teores de humidade e graus de compactação, na investigação denominada "Laboratory determination of compost physical parameters for modeling of airflow characteristics". Os parâmetros analisados neste estudo incluíram as propriedades físicas: teor de humidade, capacidade de retenção de água, densidade aparente, porosidade preenchida com ar, permeabilidade, tamanho das partículas e resistência mecânica.

A porosidade preenchida com ar prevista mostrou uma alta correlação com a porosidade preenchida com ar medida, facilitando o desenvolvimento de um modelo de porosidade para prever o efeito da variação do teor de humidade e da altura da camada de composto na porosidade e permeabilidade preenchidas com ar.

Os autores determinaram que, para o fluxo de ar laminar, a permeabilidade é obtida a partir da equação de Darcy. Para um fluxo não laminar, a queda de pressão para uma determinada velocidade de fluxo de ar pode ser prevista pela relação Dupuit - Forcheimer, que inclui um termo de primeira ordem que define as forças viscosas e um termo de segunda ordem que incorpora as forças inerciais. A determinação da porosidade preenchida com ar foi realizada diretamente durante o processo de compostagem por picnómetro de ar.

De acordo com os autores de "Air filled porosity measurements by air pycnometer in the composting process: A review and a correlation analysis", Ruggieri, Gea, Artola & Sánchez [7], a porosidade preenchida por ar (PFA) é apresentada como a melhor medida para determinar a porosidade disponível num material de compostagem ou em matrizes orgânicas. Salientam que, entre as metodologias e abordagens teóricas ou empíricas desenvolvidas para estimar a PFA, o picnómetro cheio de ar é considerado a técnica mais adequada e precisa.

A investigação explica em detalhe as metodologias publicadas para a determinação da AFP por picnómetro de ar, discutindo as suas principais vantagens e desvantagens. Amostras de vários resíduos orgânicos e misturas destinadas à compostagem foram caracterizadas por picnómetro de ar, comparando os resultados em termos de exatidão com os reportados na literatura. Estes resultados em termos de precisão, com o proposto pela literatura. Estes resultados mostram que as correlações teóricas são adequadas para a estimativa da AFP na maioria dos resíduos orgânicos estudados. No entanto, as amostras de resíduos necessitam de uma determinação experimental para obter um valor realista de PFA.

Olivares, Barbosa, Roca & Brossard [8] afirmam em seu artigo "Correlações empíricas aproximadas para a caraterização das propriedades físicas e geométricas da biomassa sólida particulada: case studies of the elephant grass and sugar cane trash", que a literatura não fornece informações suficientes sobre as propriedades físicas e geométricas dos materiais lignocelulósicos para avaliar seu uso como matéria-prima no processo de pirólise rápida e gaseificação, que é comumente realizado em reatores de leito fluidizado, para produção de carvão vegetal, biocombustíveis líquidos, gás sintético e etanol através de processos de hidrólise, entre outras aplicações.

Nesta pesquisa, dois tipos de partículas de biomassa sólida, capim-elefante e resíduo de cana-de-açúcar, foram estudados em laboratório para obter informações sobre várias propriedades físicas e geométricas. Foi adotado um modelo geométrico de prisma de base retangular e foram medidos manualmente o comprimento, a largura e a espessura de cinqüenta partículas selecionadas aleatoriamente de cada classe de tamanho, obtidas por fracionamento mecânico através de peneiras. A partir destes valores médios, foram calculadas medidas de outras propriedades, por exemplo, dimensão caraterística da partícula, área projectada, área da secção transversal e volume do prisma retangular, factores de forma, esfericidade, área de superfície específica da partícula e diâmetro equivalente.

Foi efectuada uma análise estatística, propondo modelos matemáticos empíricos e semi-empíricos de correlação obtidos por regressão linear, que demonstram uma boa adequação destas equações aos dados experimentais reportados, tais como a densidade real e aparente das partículas obtidas através da técnica do porosímetro de intrusão de mercúrio (ASTM D 4404-84 (1998), método de ensaio para a determinação do volume de poros e da distribuição do volume de poros do solo e da rocha).

O método de Ergun é empregado por Olivares, Roca, Glauco & Barbosa [9] no trabalho intitulado "Characterization of sugarcane bagasse. Parte I: Características Físicas". A partir dessa expressão (baseada em equações teóricas estabelecidas para um leito fixo de partículas porosas quando atravessado por um fluxo de gás) e de medidas de perda de carga para um determinado fluxo de gás atravessando o leito em diferentes alturas, é possível determinar algumas características físicas, como densidade aparente, densidade real, porosidade, esfericidade e área superficial específica das partículas do leito.

A técnica utilizada para obter os dados experimentais é simples mas rigorosa e é possível reproduzir esses dados. Foram avaliadas várias fracções de bagaço obtidas pelo processo de crivagem convencional. Finalmente, todos os resultados experimentais são tratados estatisticamente obtendo-se os modelos matemáticos correspondentes às propriedades desejadas em função do diâmetro médio das partículas. Estas equações empíricas podem ser utilizadas para determinar estas propriedades na faixa e condições especificadas e também para modelar alguns processos onde estas frações são empregadas.

Wu & Yin [10] desenvolveram um modelo de micromecanismo de meios porosos durante a investigação denominada "A Micro-Mechanism Model for Porous Media", baseado no modelo de canal expansivo para tortuosidade. O modelo proposto é expresso em função da tortuosidade, porosidade, coeficiente de arrasto e propriedades do fluido. Todos os parâmetros do modelo proposto têm um significado físico claro. Os resultados mostram que as previsões do modelo concordam com as dos dados experimentais existentes.

Robert K. Niven [11], realiza uma investigação intitulada "Physical insight into the Ergun and Wen & Yu equations for fluid flow in packed and fluidised beds", cujo objetivo é fornecer um significado físico das constantes de forma da equação de Ergun mais usual para a descrição do escoamento através de leitos empacotados de partículas sólidas (leito fixo) e leitos fluidizados, do ponto de vista dos princípios da mecânica dos fluidos. Para o efeito, o autor efectua uma análise dimensional alternativa, através do teorema de Pi de Buckingham, considerando um modelo da estrutura dos poros.

Nesta investigação, conclui-se que a equação de Ergun para a perda de pressão durante o escoamento através de um leito compactado é representada simplesmente como uma função de um número de Reynolds intersticial modificado e de um número de Galileu modificado, ambos baseados numa dimensão caraterística dos vazios no meio poroso. O resultado é uma equação em forma simples e sem dimensões, que reflecte mais adequadamente as leis físicas fundamentais do que as formas apresentadas anteriormente.

As análises sublinham a importância de efetuar uma análise dimensional utilizando parâmetros físicos (tais como escalas de comprimento e velocidades) que reflictam os princípios fundamentais dos processos físicos do problema em questão.

2.2 Definição de termos básicos

- **Material lignocelulósico**: O material lignocelulósico encontra-se na biomassa vegetal e permite a produção de produtos sustentáveis e amigos do ambiente.

- **Leito**: Consiste numa coluna formada por partículas sólidas, através da qual passa um fluido (líquido ou gás), que pode ser libertado de algumas impurezas e sofre uma queda de pressão.

- **Leito fixo**: É quando as partículas permitem a passagem tortuosa do fluido sem se separarem umas das outras, o que faz com que a altura do leito permaneça constante e, portanto, a fração de vazios no leito (porosidade) permanece constante. Nesta fase, o fluido sofre as maiores quedas de pressão do processo.

- **Bioreactor**: Um recipiente ou sistema que mantém um ambiente biologicamente ativo. Em alguns casos, um biorreactor é um recipiente no qual é conduzido um processo químico que envolve organismos ou substâncias bioquimicamente activas derivadas desses organismos. Este processo pode ser aeróbio ou anaeróbio. Os bioreactores são geralmente cilíndricos.

- **Caudal**: A quantidade de fluido que passa numa unidade de tempo.

- **Rotâmetro**: Instrumento utilizado para medir caudais de líquidos e gases que funcionam com uma queda de pressão constante.

- **Manómetro em forma de "U"**: Um instrumento utilizado para medir a pressão, a forma mais tradicional de medir a pressão com precisão utiliza um tubo de vidro em forma de "U", onde é depositada uma quantidade de líquido de densidade conhecida.

2.3 Base teórica

2.3.1 Meio ou estrutura porosa

Um meio poroso é definido como um sólido ou um conglomerado de partículas sólidas, com espaço livre ou vazio suficiente dentro ou à volta das partículas para permitir a passagem de um fluido através delas ou à sua volta [12].

Um meio poroso pode ser definido como consolidado ou não consolidado. Diz-se que um meio poroso está consolidado quando é constituído por um sólido contínuo com poros, como um tijolo ou um bloco de arenito. Neste caso, os poros podem estar desconectados, ou seja, formados por células fechadas e impermeáveis, ou conectados por canais ou células abertas e permeáveis. Um meio poroso é inconsolidado quando é constituído por uma coleção ou pilha de partículas sólidas num leito de enchimento, facilmente separável, onde o fluido pode passar através dos espaços vazios entre as partículas [12].

Um meio poroso pode ser definido como consolidado ou não consolidado. Diz-se que um meio poroso está consolidado quando é constituído por um sólido contínuo com poros, como um tijolo ou um bloco de arenito. Neste caso, os poros podem estar desconectados, ou seja, formados por células fechadas e impermeáveis, ou conectados por canais ou células abertas e permeáveis. Um meio poroso é inconsolidado quando é constituído por uma coleção ou pilha de partículas sólidas num leito de enchimento, facilmente separáveis, onde o fluido pode passar através dos espaços vazios entre as partículas [12].

Qualquer um destes conceitos pode ser utilizado, dependendo do meio específico em consideração, e ambos têm sido utilizados como base para o desenvolvimento de equações que descrevem o comportamento do escoamento de fluidos no meio.

O poro ou espaço poroso normalmente não tem uma geometria regular ou bem definida, mas podemos dizer que é formado pelo corpo e pelo colo ou canal do poro [12]. Dada a aleatoriedade das formas e tamanhos das partículas sólidas de um meio poroso e do próprio poro, a obtenção de uma descrição a nível microscópico ou da estrutura do poro é complexa e por vezes pouco prática, pelo que é conveniente obter uma descrição macroscópica que represente os valores médios da amostra.

Entre os parâmetros macroscópicos mais importantes que caracterizam um meio poroso estão a porosidade, a permeabilidade, a tortuosidade e a área específica.

2.3.2 Porosidade

Macroscopicamente, uma estrutura porosa é caracterizada pela porosidade ou espaço vazio ε o fração, que é definida como a razão ou quociente entre o volume do espaço vazio e o volume total do sólido:

$$\varepsilon = \frac{V_V}{V_t} \tag{1}$$

Se o meio poroso for inconsolidado, podemos definir a porosidade como uma função da densidade aparente ρ_a e da densidade sólida ρ_s com esta equação:

$$\varepsilon = \frac{V_V}{V_L} = \frac{V_L - V_s}{V_L} = 1 - \frac{V_s}{V_L} = 1 - \frac{\rho_a}{\rho_s} \tag{2}$$

onde é o volume de vazios V_V e é o volume do leito V_L e V_s é o volume ocupado pelo sólido.

Existem vários métodos experimentais para medir a porosidade divididos nas seguintes categorias. [12]:

- **Método direto.**
Consiste em medir o volume total de uma amostra do material e, de alguma forma, eliminar os poros, medir o volume do sólido e calcular a diferença.

- **Método ótico.**
Baseia-se na impregnação da amostra com um material que torna os poros visíveis, como a cera ou o querosene. Posteriormente, corta-se uma secção transversal da amostra impregnada e mede-se visualmente ou por instrumentos ópticos os poros. Isto deve-se ao facto de a distribuição dos poros ser aleatória e de uma secção plana ser a mesma em todo o material.

- **Método de inibição.**
Este método baseia-se na imersão de uma amostra conhecida do material poroso num fluido molhante, sob vácuo, durante um período

de tempo suficientemente longo, de modo a que o fluido envolva os poros. A amostra é pesada antes e depois da imersão. Estes dois pesos, juntamente com a densidade do fluido, permitem calcular o volume dos poros. Este método, cuidadosamente executado, dá o melhor valor da porosidade.

- **Método de injeção de mercúrio.**

O volume bruto de uma amostra pode ser determinado através da imersão de uma amostra em mercúrio. Uma vez que a maioria dos materiais não é molhada pelo mercúrio, a pressão hidrostática de uma câmara que contém a amostra com mercúrio aumenta para valores elevados, e o mercúrio penetra no espaço poroso enquanto a pressão se mantiver elevada. O volume de mercúrio remanescente permite calcular o volume do poro.

- **Método de expansão de gás.**

Neste caso, a amostra é introduzida num recipiente de volume conhecido V_a , sob uma pressão de gás conhecida P_1 e está ligada por uma válvula a um recipiente de evacuação também de volume conhecido V_b . Quando a válvula é aberta, o gás expande-se no interior do recipiente de evacuação e a pressão do gás diminui P_2 . O volume efetivo dos poros pode ser calculado a partir das leis dos gases ideais (Boyle - Mariotte):

$$V_V = V_T - V_a - V_b \left[\frac{P_2}{(P_2 - P_1)} \right]$$

(3)

Em que V_V é o volume de poros ou de vazios e V_T é o volume da amostra.

- **Método da densidade.**

Este método depende da determinação da densidade aparente da amostra ρ_a e do sólido na amostra ρ_s , com base no facto de a massa total de sólido estar totalmente contida na amostra:

$$m = \rho_s V_s = \rho_a V_T$$

(4)

A partir da definição de porosidade:

$$\varepsilon = \frac{V_V}{V_L} = \frac{V_L - V_s}{V_L} = 1 - \frac{V_s}{V_L} \qquad \Rightarrow \qquad \varepsilon = 1 - \frac{\rho_a}{\rho_s}$$

(5)

2.3.3 Permeabilidade

Representa a capacidade de um meio poroso para permitir a passagem de um fluido através dele. É o termo utilizado para definir a condutividade de um meio poroso relativamente à permeação de um fluido newtoniano, designada por permeabilidade específica k , que depende apenas da estrutura dos poros e é independente das propriedades do fluido e do mecanismo de escoamento.

A unidade de medida da permeabilidade é o m^2 . Uma unidade prática de medição da permeabilidade é o darcy. Um meio poroso tem uma permeabilidade igual a um darcy = 0,987 μm^2 , quando uma diferença de pressão de uma atmosfera produz uma velocidade de fluxo volumétrico de 1 cm^3 /s de um fluido com uma viscosidade de 1 cP através de um cubo de comprimento lateral de 1 cm [13]:

$$1 \text{ darcy} = \frac{1\left(cm^3 / s\right)1cP}{1cm^2 \cdot 1\left(atm / cm\right)}$$

(6)

Para materiais muito compactos é utilizado o milidarcy = 0,001 darcy.

Permeabilidade k é definida em termos da Lei de Darcy, publicada em 1856, e afirma que a taxa de fluxo de um fluido através de uma estrutura porosa é diretamente proporcional ao gradiente de pressão que provoca o fluxo:

$$v = -\frac{\kappa}{\mu}\left(\frac{dP}{dx}\right) \rightarrow Q = -\frac{kA}{\mu}\left(\frac{\Delta P}{L}\right)$$

(7)

Onde $\dfrac{\Delta P}{L}$ é a queda de pressão ao longo do comprimento da amostra, é o coeficiente de permeabilidade e é a velocidade superficial do gás:

$$v = \frac{Q}{A}$$

$$(8)$$

Aqui Q é o caudal ou a velocidade volumétrica do fluido e é a área da secção transversal A da câmara que contém o leito. A aplicação da equação de Darcy limita-se a escoamentos viscosos em que a velocidade do fluido é suficientemente baixa para que não haja efeitos de inércia.

Dupuit e Forchheimer são os primeiros a sugerir uma relação não linear entre a perda de pressão e a velocidade do fluido em escoamentos de alta velocidade:

$$-\frac{dP}{dx} = \frac{\mu}{\kappa}v + \frac{\rho_a}{\eta}v^2$$

$$(9)$$

A equação de Forchheimer baseia-se na equação de Darcy com a adição de um segundo termo para ter em conta os efeitos de inércia locais, tais como mudanças de direção e forças de arrastamento.

As equações de Darcy e Forchheimer assentam numa base teórica e têm sido aplicadas com sucesso a uma vasta gama de materiais. No entanto, há muito trabalho a fazer para incluir propriedades materiais específicas nestas equações. As influências destes factores na permeabilidade não são tão elementares para estabelecer a velocidade com maior precisão, mas não são menos importantes.

Os fluidos que afectam o gradiente de pressão são a viscosidade e a densidade do fluido. Os factores mais importantes na discussão da perda de pressão têm a ver com as propriedades do meio poroso: 1) porosidade e tamanho dos poros e 2) tamanho e forma das partículas.

Como já foi considerado, a porosidade pode ser definida por:

$$\varepsilon = 1 - \frac{\rho_a}{\rho_s} \tag{10}$$

A densidade aparente de um material ou corpo é a relação entre a massa do material e o volume que ocupa, incluindo os vazios e poros que contém, aparentes ou não. Influencia as propriedades mecânicas, como a porosidade e a resistência à compactação. Um material com baixa densidade aparente indica que é muito poroso. É definida como a relação entre a massa do sólido M_s e o volume total da amostra:

$$\rho_a = \frac{M_s}{V_t} \tag{11}$$

O peso dos sólidos na amostra, em relação ao volume que ocupam sem considerar qualquer espaço poroso, é definido como a densidade da partícula ou densidade específica. De acordo com as relações de massa e volume, é então definida como:

$$\rho_s = \frac{M_s}{V_s} \tag{12}$$

Para partículas sólidas, existe uma variedade de testes disponíveis para medir a densidade das partículas, como o método de imersão em hexano, incluindo um picnómetro de comparação de ar e um tubo de densidade.

2.3.4 Método ou equação de Ergun

É bem conhecido que as perdas de pressão ou o gradiente de pressão durante o escoamento de um fluido através de um meio poroso, como um leito compactado ou um material granular, são dados por equações da forma

$$-\frac{dP}{dx} = \alpha v + \beta v^2 \quad \Rightarrow \quad \frac{\Delta P}{L} = av + bv^2$$

(13)

em que os termos à direita correspondem a perdas viscosas e perdas por inércia, respetivamente.

A mais utilizada destas equações é a equação de Ergun, que considera dois factores relacionados com o meio poroso, a porosidade ε e o diâmetro das partículas d_p, e dois factores relacionados com o fluido, a densidade ρ e a viscosidade μ.

A forma mais geral da equação de Ergun é dada por:

$$\frac{\Delta P}{L} = A\frac{\mu(1-\varepsilon)^2 v}{d_p^2 \varepsilon^3} + B\frac{\rho(1-\varepsilon)v^2}{d_p \varepsilon^3}$$

(14)

O modelo de Ergun pressupõe várias condições e baseia-se, tal como outros métodos, na estimativa do atrito do fluido nas superfícies sólidas, que formam canais tortuosos no leito. Os canais podem ser comparados a um conjunto de tubos paralelos com secções transversais variáveis. Para este efeito, assume-se um raio hidráulico médio dos canais para considerar as diferentes secções transversais e a forma dos canais. Não existe canalização no leito. Ou seja, o fluido não segue um caminho preferencial através do leito [14].

O diâmetro e a altura do leito são grandes em comparação com o diâmetro das partículas individuais. O número de partículas na entrada do leito e perto da parede é pequeno em relação ao número de partículas do leito.

Ergun assume que as forças de fricção da parede ou viscosas F_v e as forças de inércia ou de forma F_i são aditivas. Ou seja, a força de arrasto F_D por unidade de área de escoamento A_s é dada por:

$$\frac{F_D}{A_s} = \frac{F_v}{A_s} + \frac{F_i}{A_s} = \left(\frac{A\mu v_i}{r_h} + B\rho v_i^2\right) \quad \Rightarrow \quad F_D = A_s\left(\frac{A\mu v_i}{r_h} + B\rho v_i^2\right)$$

(15)

Em que v_i é a velocidade intersticial ou a velocidade média através dos canais do leito, ρ e μ são a densidade e a viscosidade do fluido, respetivamente.

A área total de fluxo A_s é dada pelo produto do número de partículas no leito e a área de superfície de uma partícula sólida s_p onde:

$$A_s = N_p s_p \tag{16}$$

O número de partículas é calculado pela equação:

$$N_p = \frac{S_0 L(1-\varepsilon)}{V_p} \tag{17}$$

Onde $S_0 L(1-\varepsilon)$ representa o volume total de sólidos, V_p é o volume de uma partícula, S_0 é a secção da torre vazia e L é a altura do leito. De modo que:

$$A_s = \frac{S_0 L(1-\varepsilon) s_p}{V_p} \tag{18}$$

Tal como no cálculo de secções não circulares, o raio hidráulico Hr é introduzido para considerar as várias formas dos canais no leito, definido como a razão entre a secção transversal da conduta e o perímetro molhado dado por:

$$Hr = \frac{So}{Wp} \tag{19}$$

Multiplicando o numerador e o denominador por $L\varepsilon$, obtém-se a razão entre o volume total de vazios e a área total dos sólidos:

$$Hr = \frac{SoL\varepsilon}{As} \rightarrow \qquad Hr = \frac{\varepsilon Vp}{(1-\varepsilon)Sp} \tag{20}$$

Define-se $v = v_i\varepsilon$ como a velocidade de superfície ou a velocidade à entrada da torre.

Substituindo em:

$$F_D = A_s\left(\frac{A\mu v_i}{r_h} + B\rho v_i^2\right)$$

(21)

segue-se que:

$$F_D = \frac{S_0 L(1-\varepsilon)s_p}{\varepsilon^2 V_p}\left(\frac{A\mu v(1-\varepsilon)s_p}{V_p\rho} + Bv^2\right)$$

(22)

A queda de pressão no leito é definida como:

$$\Delta P = \frac{F_D}{\varepsilon S_0}$$

(23)

Substituindo, obtemos

$$\frac{\Delta P}{L} = \frac{(1-\varepsilon)s_p}{\varepsilon^3 V_p}\left(\frac{A\mu v(1-\varepsilon)s_p}{V_p} + B\rho v^2\right)$$

(24)

Os materiais granulares raramente são mono misturados em tamanho e de forma esférica, o que representa o caso ideal. O tamanho e a forma das partículas são os principais factores que influenciam a permeabilidade e podem ser bastante difíceis de definir e subjectivos para formas mais complexas, o que não é o caso das partículas esféricas. Um termo frequentemente utilizado é a esfericidade ou fator de forma φ . É definido como o fator de semelhança com a geometria de uma esfera:

$$\varphi = (Surface\ of\ a\ sphere | Surface\ of\ the\ particle) of\ equal\ volume$$
(25)

Definimos um tamanho de partícula equivalente, referido como diâmetro de partícula equivalente d_p , como o diâmetro de uma esfera de volume igual ao volume da partícula.

Definimos a área específica de uma partícula:

$$a_v = \frac{S_p}{V_p} \quad \left[m^{-1} \right] \tag{26}$$

O volume de uma esfera é:

$$V_{esf} = \frac{4}{3} \pi R^3 = \frac{4}{3} \pi \left(\frac{D}{2} \right)^3 = \frac{\pi D^3}{6} \tag{27}$$

e a superfície da esfera é:

$$S_{esf} = \pi D^2 \tag{28}$$

Assim, para uma partícula esférica, a área específica é dada por:

$$a_V = \frac{S_{esf}}{V_{esf}} = \frac{\pi D^2}{\frac{\pi}{6} D^3} = \frac{6}{D} \ m^{-1} \tag{29}$$

Onde D é o diâmetro da esfera.

Dado que a esfericidade φ ou fator de forma de uma partícula é a razão entre a área da superfície da esfera S_{esf} to e a área da superfície da partícula S_p, de igual volume, se, $D = d_p$ é o diâmetro de uma esfera de igual volume para o volume de uma partícula irregular:

$$a_{Vesf} = \frac{s_{esf}}{v_{esf}} = \frac{\pi d_p^{\;2}}{\dfrac{\pi}{6} d_p^{\;3}} = \frac{6}{d_p} \;\; m^{-1} \tag{30}$$

$$\varphi = \frac{a_{Vesf}}{a_v} = \frac{\dfrac{s_{esf}}{v_{esf}}}{\dfrac{s_p}{v_p}} = \frac{\dfrac{6}{d_e}}{\dfrac{s_p}{v_p}} \;\; \Rightarrow \;\; \frac{s_p}{v_p} = \frac{6}{\varphi d_p} \tag{31}$$

Segue-se que para uma partícula irregular:

$$\frac{s_p}{V_p} = \frac{6}{\varphi d_p} \tag{32}$$

A dimensão ou diâmetro equivalente da partícula d_p é obtida da seguinte forma: 1) para as esferas, o seu tamanho é dado diretamente pelo seu diâmetro; 2) para outras geometrias, para partículas grandes $(>1\,mm)$, o tamanho é determinado:
- Pesa-se um determinado número de partículas e determina-se o diâmetro equivalente das partículas em função da sua densidade.
- O volume deslocado de um fluido num cilindro é determinado pela introdução de um número conhecido de partículas não porosas.
- É medido diretamente com um Vernier ou um micrómetro.
Para misturas irregulares de tamanhos intermédios, a análise granulométrica é a forma mais conveniente de medir o tamanho ou o diâmetro das partículas [15].

É definida uma dimensão média do peneiro:

$$d_{tam} = \frac{1}{\sum \left(\dfrac{x_i}{d_i} \right)} \tag{33}$$

Em que d_i são as malhagens médias entre a retida e a passada e x_i é a fração de peso restante. Tomando $d_p = d_{tam} \Rightarrow d = \varphi d_{tam}$

A equação foi eliminada $\dfrac{s_p}{V_p}$ e reorganizada:

$$\frac{\Delta P}{L}\frac{\varphi d_p}{\rho v^2}\frac{\varepsilon^3}{(1-\varepsilon)} = \left(A\frac{\mu(1-\varepsilon)}{\rho v d_p \varphi} + B \right)$$

(34)

O número de Reynolds da partícula ou do leito é definido do seguinte modo

$$N_{\mathrm{Re}\,p} = \frac{\rho v d_p \varphi}{\mu(1-\varepsilon)}$$

(35)

e o fator de atrito do leito:

$$f_p = \frac{\Delta P}{L}\frac{\varphi d_p}{\rho v^2}\frac{\varepsilon^3}{(1-\varepsilon)} \qquad f_p = \frac{A}{\mathrm{Re}_p} + B$$

(36)

que é a forma adimensional da equação de Ergun, e que permite obter experimentalmente o valor das constantes A e B.

Os valores obtidos por Ergun conduzem à equação:

$$f_p = \frac{150}{\mathrm{Re}_p} + 1,75 \qquad \Rightarrow \qquad \frac{\Delta P}{L} = \frac{150\mu}{\varphi^2 d_p^{\,2}}\frac{(1-\varepsilon)^2}{\varepsilon^3}v + \frac{1,75\rho}{\varphi d_p}\frac{(1-\varepsilon)}{\varepsilon^3}v^2$$

(37)

Para partículas de baixo Reynolds, o segundo termo pode ser negligenciado, deixando a expressão:

$$\frac{\Delta P \varphi^2 d_p^{\,2}\varepsilon^3}{\mu L (1-\varepsilon)^2 v} = 150$$

(38)

que é designada por equação de Kozeny-Carman.

Para Reynolds elevados, o primeiro termo do segundo membro desaparece uma vez que as forças viscosas são negligenciáveis e a expressão é obtida:

$$\frac{\Delta P \varphi d_p \varepsilon^3}{\rho L (1-\varepsilon)^2 v^2} = 1,75$$

$$(39)$$

que é conhecida como a equação de Blake-Plummer.

O aspeto controverso da equação de Ergun é a determinação das constantes, às quais foi atribuída uma vasta gama de valores a partir da correlação de muitas experiências com vários materiais e fluidos. Por outro lado, foi demonstrado que, mesmo em regimes de baixo caudal, estão presentes perdas por atrito devido à forma (inercial).

2.3.5 Análise dimensional

A análise dimensional é uma ferramenta concetual muito utilizada em física, química e engenharia para a compreensão de fenómenos em que estão envolvidas diferentes grandezas. Da mesma forma, é utilizada para a verificação de resultados de cálculos por meio de equações, escalonamento de modelos e na construção de hipóteses sobre sistemas que devem ser descritos experimentalmente [16].

Existem muitos fenómenos físicos, tais como algumas das dinâmicas de escoamento, para os quais não existe uma solução analítica direta, mesmo quando todas as variáveis envolvidas no sistema são conhecidas, mas a relação entre elas é desconhecida. Nestes casos, recorre-se à análise experimental, o que normalmente implica um trabalho laboratorial que é geralmente demasiado longo e fastidioso, se não mesmo impossível em alguns casos. Assim, por exemplo, se na análise de um fenómeno físico se determinar que estão envolvidas cinco grandezas diferentes e que uma das variáveis depende das outras quatro através de uma relação funcional desconhecida, se fizermos dez medições por cada relação (estatisticamente recomendada) entre duas variáveis, mantendo fixas as restantes variáveis, teremos de fazer 10.000 medições.

Neste caso, é conveniente agrupar as variáveis ou quantidades envolvidas no processo em grupos de quantidades sem dimensão ou parâmetros sem dimensão e formular o problema em termos da relação funcional entre estes parâmetros, que devem ser determinados experimentalmente.

2.3.6 Teorema π(pi) de Buckingham

Como é sabido, as grandezas físicas, que podemos representar na forma $[U]$, podem ser definidas a partir de um conjunto mínimo m de grandezas básicas linearmente independentes, a que chamamos Sistema de Grandezas Fundamentais $[B_1, B_2, ..., B_m]$, a partir do qual se podem derivar as restantes grandezas envolvidas na descrição de um fenómeno.

Assim, por exemplo, para a mecânica, o sistema definido $[M, L, t, T]$ por (Massa, Comprimento, Tempo, Temperatura), permite-nos definir as grandezas Velocidade:

$$[V] = [L] \cdot [t]^{-1} = \frac{[L]}{[t]}$$

(40)

e densidade:

$$[\rho] = [M] \cdot [L]^{-3}$$

(41)

ou simplesmente:

$$V = Lt^{-1} \qquad\qquad y \quad \rho = \frac{M}{L^3} \quad 42)$$

O Teorema π de Buckingham afirma que, se um sistema é definido por uma equação da forma:

$$f(U_1, U_2, ..., U_k) = 0$$

(43)

das grandezas físicas k, que podem ser expressas em relação às grandezas de base m, existem parâmetros $k - m$ ou grandezas sem dimensão Π_i com: $i = 1 ... (k - m)$ tais que:

$$\phi\left(\Pi_1, \Pi_2, ..., \Pi_{(k-m)}\right) = 0 \tag{44}$$

onde o:

$$\Pi_i = U_1^{\alpha_1}.U_2^{\alpha_2}....U_k^{\alpha_k} \tag{45}$$

Assim, existem vários métodos para a escolha de grupos ou parâmetros sem dimensão que podem ser definidos na descrição de um problema [17]:

- Método algébrico
- Método do quociente dimensional
- Método das variáveis repetidas.

Em geral, recomenda-se a utilização do método das variáveis repetidas para a construção de grupos adimensionais. É rápido, fácil de aplicar e oferece a vantagem de utilizar um procedimento estabelecido com menor possibilidade de erro.

O procedimento necessário é descrito a seguir:

1) Enumerar todos os parâmetros físicos ou variáveis envolvidas no fenómeno (incluindo constantes dimensionais ou sem dimensão). Designe uma delas como variável dependente e exprima uma relação entre esta variável e as outras sob a forma $U_1 = f\left(U_2, U_2, ..., U_k\right)$ em que k é o número de variáveis envolvidas, incluindo a variável dependente.
2) Representar cada uma das variáveis em termos das suas dimensões de base e, de preferência, construir uma tabela de dimensões de base.
3) Determine o número necessário de grupos sem dimensão ou parâmetros π, que é dado pelo teorema π como: $n = \left(k - m\right)$.
4) Selecionar um número r de variáveis independentes para servirem de variáveis de repetição, certificando-se de que todas as dimensões de base são incluídas. Isto é feito escolhendo da lista aquelas que podem ser combinadas com as restantes para formar grupos dimensionais. Normalmente, estes são os formados pelas dimensões de base em

potências diferentes da unidade. Cada variável repetitiva deve ser dimensionalmente independente das outras, o que indica que as variáveis repetitivas não podem formar parâmetros sem dimensão entre si.

5) Formar um termo, π, multiplicando a variável considerada dependente no problema, que deve estar no grupo das restantes variáveis não repetitivas, pelo produto das variáveis repetitivas, cada uma delas elevada a um expoente que torna a combinação adimensional.

6) Repete-se o processo para o resto das variáveis não repetidas, obtendo tantos grupos quantos os determinados no passo 3. Cada grupo sem dimensão deve ter a forma: $U_i.U_1^{\alpha_1}U_2^{\alpha_2}...U_r^{\alpha_i}$.

7) Verificar se todos os grupos Π são adimensionais.

8) Exprima a forma final como a quantidade que relaciona os termos π e reflicta sobre o seu significado. Esta forma pode ser escrita como: $\Pi_1 = \phi\left(\Pi_2,\Pi_3,...,\Pi_{(k-m)}\right)$ onde Π_1 é o termo que contém a variável dependente no numerador [17].

2.3.7 Fermentação em estado sólido (SSF)

A fermentação em estado sólido (FES) baseia-se no crescimento de microrganismos em substratos sólidos húmidos na ausência de água livre. Neste sistema, a água está presente no substrato, cuja capacidade de retenção de líquidos varia consoante o tipo de material [18].

A definição mais geral de FES foi formulada por Viniegra-González [19], que a descreve como um processo microbiológico que ocorre comumente na superfície de materiais sólidos com capacidade de absorver e reter água, com ou sem nutrientes solúveis. Por isso, é um processo em que o sólido apresenta uma baixa atividade de água (aw), o que influencia aspectos fisiológicos dos microrganismos como o tipo de crescimento, esporulação e germinação de esporos, além da produção de metabólitos e enzimas, bem como sua atividade.

A FES é uma técnica que se centra na produção de alimentos, enzimas hidrolíticas, ácidos orgânicos, aromas e biopesticidas. Os resíduos agro-industriais são utilizados como substratos sólidos para a obtenção destes produtos, o que é de grande interesse, uma vez que, por um lado, se obtêm produtos de interesse industrial e, por outro, se resolvem problemas de deposição de resíduos sólidos. Desta forma, para a produção de etanol podem ser utilizados substratos de baixo custo, tais como resíduos de frutas e legumes, cascas de árvores, cascas de nozes, farelo de trigo, cascas de café ou bagaço de cana de açúcar. Podem ser utilizados para produzir etanol, enzimas, ácidos orgânicos, aminoácidos e metabolitos secundários biologicamente activos.

2.3.8 Estudo dos parâmetros FES

O estudo de parâmetros como temperatura, aeração, umidade, tamanho de partícula, projeto do reator, entre outros, é fundamental para o sucesso da FES, pois deles dependem o crescimento do microrganismo e a formação do produto final [20].

- **Temperatura:**

É um dos parâmetros ambientais mais influentes na taxa de crescimento dos microrganismos.

De acordo com a gama de temperaturas a que os microrganismos podem crescer, podem estabelecer-se três grupos principais:
- Psicrófilos ou criófilos (temperatura mínima de crescimento entre -5 e 5°C),
- Mesófilos (temperatura óptima de crescimento entre 25 e 40°C e máxima entre 35 e 47°C).
- Termófilos (temperatura óptima entre 50 e 75°C e máxima entre 80 e 113°C).

Por conseguinte, a conceção do reator, e em especial dos bioreactores FES, deve ter em conta esta gama óptima.

Durante a fermentação em estado sólido, é gerada uma grande quantidade de calor, que é diretamente proporcional à atividade metabólica dos microrganismos. Os substratos utilizados para a fermentação em estado sólido têm baixas condutividades térmicas, o que faz com que a remoção de calor seja um processo muito lento, produzindo gradientes de temperatura no interior do sólido. Este facto, aliado aos baixos teores de humidade presentes nas FES, dificulta a transferência de calor.

Em alguns casos, a temperatura do leito pode subir até 20°C acima da temperatura de fermentação. Embora possa ser desejável no caso da compostagem, é negativa para os processos biotecnológicos, afectando o crescimento dos microrganismos, a produção de esporos e a germinação, ou mesmo provocando a desnaturação dos produtos formados.

A remoção de calor é um dos principais problemas nos processos de FES em grande escala. A implementação de sistemas de convecção forçada ou de arrefecimento pode não ser suficiente para dissipar o calor metabólico gerado, resultando em gradientes de temperatura significativos. Apenas os sistemas de arrefecimento evaporativo têm capacidade suficiente de remoção de calor, uma vez que a evaporação da água é o processo mais eficaz para o controlo da temperatura.

No entanto, isto requer taxas de arejamento elevadas para compensar a produção de calor associada ao aumento da atividade metabólica. A água removida por evaporação deve ser, em muitos casos, reabastecida, resultando num aumento local da atividade da água que é indesejável em processos estáticos. Em processos semi-estéreis, este aumento da atividade da água pode levar a efeitos adversos, como a facilitação do crescimento de bactérias contaminantes.

- **Aeração:**

Tem funções distintas na FES: oxigenação dos microrganismos, eliminação do CO_2 gerado durante a fermentação, dissipação do calor (regulando a temperatura do meio), distribuição do vapor de água (regulando a humidade) e distribuição dos compostos voláteis produzidos durante o metabolismo. A taxa de arejamento depende da porosidade do meio, e os parâmetros de pressão parcial de oxigénio (pO_2) e de pressão parcial de dióxido de carbono (pCO_2) devem ser optimizados para cada tipo de substrato, microrganismo e processo.

Assim, o arejamento é um parâmetro particularmente importante na FES, uma vez que o ambiente gasoso pode afetar significativamente os níveis relativos de biomassa e a produção de enzimas.

- **Humidade:**

O teor de humidade do leito é um fator crítico dos processos em FES, uma vez que esta variável influencia muito significativamente o crescimento microbiano, a biossíntese e a secreção de diferentes metabolitos. Assim, um baixo teor de humidade dificulta a acessibilidade dos nutrientes do substrato, resultando num fraco crescimento microbiano. Por outro lado, níveis elevados de humidade provocam uma diminuição da porosidade do substrato, o que dificulta a difusão de nutrientes. Além disso, nestas condições, pode ocorrer um impedimento estérico causado pelo crescimento excessivo de fungos, reduzindo a porosidade da matriz sólida, o que dificultaria a transferência de oxigénio.

Por este motivo, é conveniente procurar o nível ótimo de humidade para otimizar o crescimento do microrganismo ou, se necessário, para obter uma maior produção de metabolitos (enzimas, ácidos orgânicos, entre outros).

De acordo com Ellaiah [21], o teor de humidade ótimo para o crescimento fúngico em substratos sólidos na FES situa-se entre 40 % e 70 %, mas depende do microrganismo e do sólido utilizado para cada cultura. Por exemplo, o crescimento de *Aspergillus niger* em substratos de amido, como a mandioca e o farelo de trigo, é ótimo a níveis de humidade mais baixos do que na polpa de café ou no bagaço de cana-de-açúcar, o que pode ser devido à elevada capacidade de retenção de água destes últimos substratos.

Na FES, a água livre só aparece quando a capacidade de saturação da matriz sólida é ultrapassada. No entanto, o nível de humidade a partir do qual a água livre aparece varia consoante o substrato, com exemplos que vão desde níveis baixos, como na casca de ácer (40%) ou no arroz e na mandioca (50-55%), até níveis importantes, como na maioria dos substratos lignocelulósicos (80%) [21].

- **Tamanho das partículas:**

A dimensão das partículas é também um fator importante a considerar. Os substratos de partículas pequenas proporcionam uma grande área específica, o que afecta positivamente o desenvolvimento do microrganismo. No entanto, um tamanho de partícula demasiado pequeno, que por sua vez gera um espaço interpartículas reduzido, diminui a eficiência da respiração/aeração e dificulta o crescimento microbiano. Por este motivo, é necessário chegar a um compromisso relativamente ao tamanho das partículas, dependendo do processo em questão.

- **Conceção do reator:**

Um aspeto particularmente importante da fermentação em estado sólido é a procura da conceção mais adequada do bioreactor para resolver problemas como a transferência de calor e de matéria. É especialmente importante que a conceção do reator seja tal que permita manter simultaneamente a temperatura e o teor de humidade do sólido constantes, o que é complicado em processos de grande escala. Bhargav et al. [22] apresentam a seguinte classificação de reactores:

- o Os reactores de tabuleiro consistem numa câmara, com controlo da temperatura e da humidade relativa, na qual o ar circula através de uma série de tabuleiros que contêm uma camada fina de substrato. Neste sistema, se for necessária a mistura do meio, esta é geralmente efectuada manualmente e, em geral, apenas uma vez por dia. Esta configuração de reator é a mais tradicional e não apresentou avanços significativos na última década.

- o Os reactores de tambor rotativo produzem a rotação do meio de fermentação de forma contínua ou intermitente. Se a agitação for intermitente, comportam-se como os biorreactores de tabuleiro durante o período estático e como os de agitação contínua durante o período de rotação. Este tipo de rotação intermitente é potencialmente menos prejudicial para o micélio fúngico do que a rotação contínua.

- o Os reactores de leito fixo consistem num leito estático apoiado numa placa perfurada através da qual é bombeado ar. São os biorreactores não agitados mais utilizados porque o arejamento forçado permite um controlo mais fácil das condições ambientais do leito através da manipulação da temperatura e do caudal do ar de entrada [23].

CAPÍTULO III. ENQUADRAMENTO METODOLÓGICO

3.1 Tipo de investigação

De acordo com os objectivos enunciados, trata-se de uma investigação de tipo projetivo, uma vez que aborda os processos explicativos, os acontecimentos modificáveis e os acontecimentos intervenientes para propor um modelo empírico.

Segundo Hurtado [24], a investigação projectiva propõe soluções para uma dada situação a partir de um processo de investigação. Implica explorar, descrever, explicar e propor alternativas de mudança, mas não necessariamente elaborar a proposta.

3.2 Conceção da investigação

Design significa plano, programa ou refere-se a algum tipo de antecipação do que deve ser "alcançado", ou seja, a construção de um objeto de estudo. A "conceção da investigação" é definida como o plano global de investigação que procura dar respostas claras e inequívocas às questões de investigação. Assim, a tónica é colocada na dimensão estratégica do processo de investigação.

Uma vez especificados o objetivo geral e o tipo de resultado a alcançar, escolhe-se o método para o alcançar. O desenho corresponde às decisões que permitem ao investigador alcançar a validade da investigação e a veracidade das suas conclusões; este, ao contrário do tipo de investigação, não é definido com base no objetivo, mas com base no procedimento. Para escolher o desenho da investigação, são estabelecidos três critérios gerais: a origem dos dados, a perspetiva da temporalidade e/ou a amplitude do foco [24].

Para a realização desta investigação, a matéria orgânica é manipulada dentro de um ambiente artificial, pelo que o desenho da investigação é laboratorial, pois a informação relativa ao seu estudo é obtida de fontes vivas e directas, num contexto criado para fins de investigação.

3.3 Amostra do estudo

A amostra é uma parte da população que é retirada para efetuar o estudo e que é considerada representativa (da população). Na amostragem, são seleccionadas todas as unidades de estudo a observar [24].

Para o presente estudo, a laranja (Citrus sinensis), especificamente as cascas de laranja, é escolhida como amostra. A recolha de matéria-prima (cascas de laranja) em quantidade suficiente provém de unidades comerciais que vendem laranjas e sumos. Estas cascas são submetidas a várias etapas de processamento e tratamento, formando leitos lignocelulósicos.

3.4 Técnicas e instrumentos de recolha de dados

A observação e a sessão em profundidade são as técnicas a utilizar neste estudo. As técnicas são definidas como procedimentos utilizados para a recolha de dados, sendo que as técnicas de observação e de sessão aprofundada são especificamente a forma de obter informações sobre o acontecimento, quer através da observação quer da participação no acontecimento [24].

Os instrumentos a utilizar nesta investigação são a medição, o registo e a captação, tal como especificado no Quadro 1. Os instrumentos de medição fornecem-nos a informação de forma selectiva e precisa. Os instrumentos de registo permitem-nos suportar a informação em períodos de tempo alargados, de modo a que a informação possa ser recuperada quando necessário. Os instrumentos de captação fornecem a perceção do acontecimento, não só de forma selectiva, mas também permitem a amplificação dos sentidos.

Tabela 1. Seleção das técnicas e instrumentos de recolha de dados. [24]

TIPO DE TÉCNICA	INSTRUMENTO	TIPO DE INSTRUMENTO

OBSERVAÇÃO	Não assistido tecnicamen te	Guia de observação	Captura e gravação
	Assistência técnica	Escala Fogão Termómetro Rotâmetro Manómetro em forma de U Compressor de ar Peneiras	Medição
		Câmara	Captura e registo
SESSÃO APROFUNDAD A	Guia de observação		Captura e registo

Os dados foram recolhidos nas instalações dos Laboratórios de Química e de Operações Unitárias da Faculdade de Engenharia da Universidad Rafael Urdaneta (URU). Após a recolha da amostra em estudo (cascas de laranja), estas são submetidas às seguintes etapas de adaptação e tratamento para proceder à sua adequada caraterização:

- **Seleção:**

Esta operação é efectuada considerando como requisito o melhor estado dos mesmos, para evitar a sua decomposição precoce e garantir uma operação de secagem com material em condições adequadas.

- **Limpeza e despolpamento:**

Lavagem do material vegetal com água abundante para remover as impurezas e despolpamento (Figura 1).

Figura 1. Seleção, limpeza e despolpamento de cascas de laranja amarela.

- **Picar ou cortar:**

Posteriormente, foi cortada em pequenos pedaços para facilitar as fases seguintes de secagem e peneiração (Figura 2).

Figura 2. Corte e fatiamento de cascas de laranja amarela

- **Pré-secagem:**

Depois de limpas e cortadas, as cascas de laranja são pré-secas no forno durante duas horas a 100°C para evitar a decomposição.

- **Trituração:**

Para reduzir o tamanho do material, este é submetido à operação de trituração num moinho elétrico de lâminas de cozinha (Oster® Food

Processor, com 2 velocidades turbo, modelo FPSTFP1455), utilizando cargas com pesos iguais, realizando 3 intervalos de 10 segundos, obtendo-se várias granulometrias para posterior peneiração (Figura 3).

Figura 3. Pré-secagem e trituração de cascas de laranja amarela.

- **Peneiração:**

A classificação é efectuada através de uma série de peneiras com uma amostra representativa, para determinar o tamanho médio das partículas, correspondente às malhas N° 3, N° 4, N° 6, N° 8, N° 10, N° 12 e N° 14, no agitador de peneiras Tyler U.S. Standard e os dados são colocados no Quadro 2. Após a peneiração da amostra, a gravidade específica do sólido é calculada retirando uma amostra do material e colocando-a numa proveta graduada. A amostra é comprimida várias vezes até que os vazios sejam eliminados, medindo-se assim o volume (Figura 4).

Figura 4. Secagem e peneiração.

Quadro 2. Guia de observação para a peneiração da amostra

Malha (N°)	Tamanho	di	Peso	*xi*	*fa*
3					
4					
6					
8					
10					
12					
14					

di: Diâmetro da malha **Tamanho:** Tamanho da amostra
xi: Fração de peso **Peso:** Peso da amostra
fa: Fração acumulada

- **Secagem:**

Após a trituração, é retirada uma amostra e seca na estufa modelo BLUE M (Figura 4), a 100°C durante 24 horas até atingir um peso constante, para determinar a humidade do sólido e calcular a quantidade de água necessária para saturar a amostra a colocar nos bioreactores.

Para preparar o substrato com o qual os bioreactores são inicialmente carregados, a massa sólida previamente seca é saturada com humidade. Estima-se que a saturação é alcançada quando a amostra total tem entre 40 % e 70 % de humidade [23]. A saturação é alcançada quando a amostra total tem entre 40 % e 70 % de humidade [23]. Foi adicionada água até se atingir a percentagem de saturação.

Foi adicionada água até se atingir a percentagem de humidade adequada. A Tabela 3 mostra a quantidade de água adicionada e a massa total nos bioreactores.

Quadro 3. Guia de observação para a saturação da amostra.

Amostra (N°)	Peso da amostra seca (g)	Água adicionada (cm)^3	Massa total

Quadro 4. Guia de observação para a determinação do teor de humidade da amostra.

Amostra	EBW (g)	WBPDS (g)	WWS (g)	DSW (g)	H (g)	HDB (%)	HWB (%)

EBW: Peso do copo vazio, **WBPDS:** Peso do copo mais amostra seca, **WWS:** Peso da amostra húmida, **DSW:** Peso da amostra seca, **H:** Humidade, **HDB: Humidade em** base seca, **HWB:** Humidade em base húmida.

Depois de saturar a amostra, preparam-se dois biorreactores, um para a extração da amostra e outro para o controlo, colocando em cada um deles 1.121,9 g de massa de substrato inicial húmido a uma altura de aproximadamente 25 cm. O substrato é comprimido por aplicação de um peso durante 2 horas até atingir uma altura constante e obter um empacotamento denso. Após o acondicionamento da amostra húmida, deixa-se avançar o processo de FES durante 12 dias, controlando as variáveis: temperatura exterior, temperatura do leito ou interior, arejamento a uma taxa de 5 L/min durante duas horas diárias e controlo da humidade para garantir a saturação (Figura 5).

Figura 5. Recolha de amostras e biorreactor carregado com cascas de laranja-amarelo.

O arejamento é efectuado com um compressor de ar de 2 CV a uma pressão de ar constante de 50 psi. O caudal de ar é controlado com um rotâmetro que varia de 0 a 15 L/min. É colocado um manómetro em forma de U entre a entrada do biorreactor e a abertura para a atmosfera para medir a queda de pressão em função do caudal, como se mostra na Figura 6. Os dados são imediatamente apresentados no Quadro 5.

Tabela 1. Guia de observação para a queda de pressão vs. caudal.

Caudal (L/min)	ΔP_1	ΔP_2	ΔP_3	ΔP
0				
3				
6				
9				
12				
15				
Q (L/min): Caudal (litros por minuto), PΔ_1 : Perda de pressão 1, PΔ_2 : Perda de pressão 2, PΔ_3 : Perda de pressão 3,Δ P: Perda de pressão média.				

Figura 6. Manómetro em U, compressor de ar e rotâmetro.

Cálculo da densidade do sólido (ρ_s):

A densidade real do sólido é efectuada por dois métodos:

(a) Pesa-se uma amostra seca na estufa e coloca-se numa proveta graduada. A amostra é comprimida a intervalos constantes para eliminar os espaços vazios, até se obter um volume constante.

b) Mergulha-se uma amostra do sólido numa proveta graduada contendo água e, noutra proveta, contendo xileno, e mede-se o volume deslocado pelo sólido.

Cálculo da densidade aparente:

A densidade aparente é determinada dividindo a massa de sólido contida no bioreactor pelo volume do bioreactor:

$$\rho_a = \frac{M_s}{V_L} \qquad \text{em que } V_L = A \cdot L \qquad (46)$$

Cálculo da porosidade:

Com os valores da densidade dos sólidos e da densidade aparente, calcula-se a porosidade inicial do leito, utilizando a relação

$$\varepsilon = 1 - \frac{\rho_a}{\rho_s} \qquad (47)$$

Em cada fase do processo de fermentação, o leito é agitado para arejar e depois comprimido como descrito. A amostra recolhida para a determinação da humidade em cada fase é utilizada após secagem a peso constante durante 24 horas para determinar a densidade do sólido existente. A densidade aparente e a porosidade são determinadas através da medição da altura do leito. A amostra é peneirada para determinar a dimensão das partículas. Este procedimento é efectuado em cada fase, ou seja, após 3, 6, 9 e 12 dias.

3.5 Validade e fiabilidade:

A seletividade e a precisão fornecidas pelos instrumentos de medição correspondem, respetivamente, à validade e à fiabilidade da investigação. Para validar o modelo matemático, é essencial recolher os dados obtidos na experiência laboratorial, depois submetê-los a uma análise dimensional e verificá-los através das equações propostas [24].

A fiabilidade do estudo justifica-se, *por si só,* pela experiência laboratorial, bem como pelo estudo de dois biorreactores em paralelo, dos quais são extraídas e estudadas amostras para corroborar os dados macro [25].

3.6 Fases do inquérito:

Nesta parte, são apresentadas em pormenor as fases utilizadas com a metodologia correspondente para atingir os objectivos específicos propostos nesta investigação, como se pode ver a seguir:

Tabela 6. Descrição metodológica do objetivo específico nº 1.

OBJECTIVO ESPECÍFICO Nº 1
Caracterizar a estrutura de leitos fixos de material lignocelulósico em diferentes fases do processo de fermentação sólida.
FASE I
Caracterizar as amostras iniciais do material lignocelulósico.
METODOLOGIA

Determinar os parâmetros físicos do material lignocelulósico inicial:

1.- Teor de humidade do sólido.

2.- Dimensão da partícula por peneiração.

3.- Densidade do sólido.

4.- Densidade aparente.

5.- Porosidade.

Quadro 7. Descrição metodológica do objetivo específico nº 2.

OBJECTIVO ESPECÍFICO Nº 2
Analisar a variação dos parâmetros de escoamento (perda de carga e velocidade de escoamento do ar), em função dos parâmetros estruturais obtidos anteriormente.
FASE II
Recolher dados de queda de pressão para o caudal de ar a diferentes caudais.
METODOLOGIA
Recolher dados sobre a queda de pressão do ar que passa através do leito de material lignocelulósico contido no bioreactor a diferentes caudais, para fases distintas do processo de fermentação sólida. Para estimar os valores médios. Caracterizar a estrutura do material em cada fase, ou seja, aos 3, 6, 9 e 12 dias.

Tabela 8. Descrição metodológica do objetivo específico nº 3.

OBJECTIVO ESPECÍFICO Nº 3
Determinar os parâmetros sem dimensão que relacionam as variáveis físicas envolvidas no sistema.
FASE III
Correlacionar os dados obtidos.
METODOLOGIA
Correlacionar os dados obtidos por observação e registo utilizando o método π de Buckingham. Determinar grupos adimensionais através da combinação das variáveis físicas significativas.

Tabela 9. Descrição metodológica do objetivo específico nº 4.

OBJECTIVO ESPECÍFICO Nº 4.
Explicar o significado físico dos parâmetros adimensionais obtidos, comparando-os com os parâmetros previstos pelo modelo de Ergun.
FASE IV **Comparar os resultados.**
METODOLOGIA
Comparar os resultados obtidos nas fases anteriores com os fornecidos pelo modelo semi-empírico de Ergun. Dar significado físico aos grupos adimensionais obtidos. Estabelecer relações entre as variáveis.

Quadro 10. Descrição metodológica do objetivo específico nº 5.

OBJECTIVO ESPECÍFICO Nº 5
Propor um modelo empírico para a previsão dos parâmetros estruturais de um leito fixo de material lignocelulósico durante o processo de fermentação sólida.
FASE V **Construção do modelo.**
METODOLOGIA
Correlacionar as quedas de pressão com os dados de velocidade da superfície. Efetuar uma análise dimensional com as variáveis: comprimento do leito, tamanho das partículas. Correlacionar os parâmetros adimensionais obtidos utilizando os dados de perda de carga vs. velocidade e os valores dos parâmetros físicos medidos. Estabelecer o modelo empírico que se adapta à previsão dos parâmetros físicos estruturais.

A análise dos resultados é efectuada tendo em conta as fases da investigação.

4.1 Fase I. Caracterizar as amostras iniciais do material lignocelulósico.

4.1.1 Temperatura

Ao caraterizar as amostras na FES por 12 dias, as temperaturas obtidas no processo podem ser observadas na Tabela 11, mostrando que a temperatura interna aumentou com o passar dos dias, evidenciando a presença de um bioprocesso de transformação que corresponde aos dados fornecidos pela literatura em relação à FES [26].

Tabela 11. Controlo da temperatura externa e da temperatura interna do leito no bioprocesso.

Dia	Hora	Temperatura externa (°C)	Temperatura interior (°C)
0	10:30	28	29,0
3	10:30	28	30,0
6	10:30	28	31,0
9	10:00	29	32,0
12	10:30	27	32,0

4.1.2 Humidade

A Tabela 12 mostra na primeira linha os dados para obter a humidade do leito embalado aos 0 dias, uma amostra é extraída para ser pré-seca na estufa durante 2 horas a 105°C, com um peso de amostra + copo de 250,8 g (peso do copo vazio = 150,8 g + peso da amostra = 100 g). O peso da amostra seca + copo = 227,43 g.

O teor de humidade da amostra é obtido subtraindo o peso da amostra + copo húmido (250,8 g) ao peso da amostra + copo seco (227,43 g), ou seja

$$250,8 \text{ g} - 227,43 \text{ g} = 23,37 \text{ g}$$

Tabela 12. Determinação do teor de humidade da amostra durante 12 dias.

Amostra	EBW (g)	WBPDS (g)	WWS (g)	DSW (g)	H(g)	HDB (%)	HWB (%)
0 dias	150,80	250,80	227,43	100,00	76,63	23,37	23,37
3 dias	83,38	137,14	98,24	53,76	17,88	35,88	66,76
6 dias	81,19	143,17	119,09	61,98	36,19	25,79	41,61
9 dias	81,13	136,49	96,09	55,36	14,96	40,40	72,97
12 dias	81,16	148,21	106,37	67,05	25,21	41,84	62,41

EBW: Peso do copo vazio, **WBPDS:** Peso do copo mais amostra seca, **WWS:** Peso da amostra húmida, **DSW:** Peso da amostra seca, **H:** Humidade, **HDB: Humidade em** base seca, **HWB:** Humidade em base húmida.

Tabela 13. Peneiração das amostras.

Malha (N°)	Tamanho da amostra	Diâmetro da malha	Peso da amostra	Fração de peso (xi)	*Fração acumulada (fa)*
3	6,68				1,00
4	4,76	5,72	17,17	0,10	0,90
6	2,38	3,57	76,20	0,42	0,48
8	2,00	2,19	16,89	0,09	0,39

10	1,65	1,83	16,46	0,09	0,30
12	1,19	1,42	29,27	0,16	0,14
14	0,99	1,09	24,51	0,14	0,00

Tabela 14. Parâmetros obtidos experimentalmente.

Dia	Diâmetro das partículas (m)	Porosidade (ε)	Comprimento (L (m))	Densidade aparente (ρa (kg/m^3))	Densidade do sólido (ρs (kg/m^3))
0	1,990 E-03	0,836	0,200	176,46	1076
3	2,330 E-03	0,825	0,195	180,95	1034
6	2,590 E-03	0,813	0,165	193,36	1034
9	2,730 E-03	0,811	0,165	191,08	1011
12	2,850 E-03	0,807	0,160	195,12	1011

Os valores indicados no quadro acima para os parâmetros físicos do processo indicam o seguinte:

A porosidade do leito diminui durante o processo.

O diâmetro das partículas aumenta, devido ao fenómeno de associação de finos no leito.

A densidade aparente aumenta com o aumento do diâmetro das partículas.

A densidade do sólido altera-se em cada fase, devido às alterações provocadas pelos microrganismos no substrato.

4. 2 Fase II. Recolher dados de queda de pressão.

Tabela 15. Quedas de pressão vs. caudal (Dia 0).

Caudal (L/min)	ΔP_1	ΔP_2	ΔP_3	ΔP
0	0,0	0,0	0,0	0,00
3	0,1	0,1	0,2	0,13
6	0,3	0,3	0,3	0,33

9	0,4	0,4	0,4	0,40
12	0,5	0,5	0,5	0,50
15	0,6	0,6	0,6	0,60

Tabela 2. Quedas de pressão vs. caudal (Dia 3).

Caudal (L/min)	ΔP_1	ΔP_2	ΔP_3	ΔP
0	0,0	0,0	0,0	0,0
3	0,2	0,2	0,2	0,2
6	0,3	0,3	0,3	0,3
9	0,4	0,4	0,4	0,4
12	0,5	0,6	0,5	0,53
15	0,6	0,7	0,8	0,7

Verifica-se na Tabela 15 (Dia 0, Hora: 10:00 am, Temperatura Externa: 28°C, Temperatura Interna: 29°C e h: 20 cm) e na Tabela 16 (Dia 3, Hora: 10:30 am, Temperatura Externa: 28°C, Temperatura Interna: 30°C e h: 20 cm) que os dados de perda de carga (Δ P) não apresentam uma variação muito representativa.

Tabela 3. Quedas de pressão vs. caudal (dia 6).

Caudal (L/min)	ΔP_1	ΔP_2	ΔP_3	ΔP
0	0,0	0,0	0,0	0,0
3	0,2	0,3	0,4	0,3
6	0,4	0,6	0,5	0,5
9	0,9	0,8	1,0	0,9
12	1,4	1,5	1,3	1,3
15	1,6	1,8	1,7	1,7

Tabela 4. Quedas de pressão vs. caudal (dia 9).

Caudal (L/min)	ΔP_1	ΔP_2	ΔP_3	ΔP
0	0	0	0	0,00
3	0,6	0,5	0,7	0,50
6	0,9	0,9	1,1	0,97
9	1,5	1,6	1,7	1,60
12	2,1	2,2	2,3	2,20
15	2,7	2,8	2,9	2,70

Tabela 5. Quedas de pressão vs. caudal (dia 12).

Caudal (L/min)	ΔP_1	ΔP_2	ΔP_3	ΔP
0	0	0	0	0,00
3	0,6	0,6	0,6	0,50
6	1,2	1,2	1,3	1,23
9	2,0	2,0	1,9	1,97
12	3,0	2,9	2,8	2,90
15	4,0	4,0	3,9	3,97

Na Tabela 17 (Dia 6, Hora: 10:30h, Temperatura Externa: 28°C, Temperatura Interna: 31°C e h: 16,5 cm), Tabela 18 (Dia 9, Hora: 10:30h, Temperatura Externa: 29°C, Temperatura Interna: 32°C e h: 16,5 cm) e Tabela 19 (Dia 12, Hora: 10:30h, Temperatura Externa: 27°C, Temperatura Interna: 32°C e h: 16
cm) correspondentes aos dias 6th , 9th e 12th respetivamente do leito compactado no bioreactor, nota-se um aumento considerável, o que se deve ao mesmo processo FES que altera o tamanho das partículas e produz um aumento na queda de pressão (ΔP).

Os valores de caudal Q (L/min) obtidos são convertidos na sua velocidade superficial v (m/s) equivalente através da relação:

$$v = \frac{Q}{A} \tag{48}$$

anteriormente expressa em caudal (m^3/s) . Assim, a velocidade superficial v foi obtida a partir de:

$$v = \frac{4Q}{\pi D^2}$$

(49)

A perda de carga ΔP foi medida experimentalmente a cm H_2 O. Depois de manipular os valores recolhidos da perda de carga em função do caudal, obtiveram-se os seguintes resultados, como se mostra na Tabela 20.

Tabela 20. Variação da perda de carga por unidade de comprimento, em função da velocidade superficial do ar, nas diferentes fases do processo de fermentação.

Velocidade	Dia 0	Dia 3	Dia 6	Dia 9	Dia 12
v (m/s)	ΔP/L (N/m$)^3$	ΔP/L (N/m $)^3$	ΔP/L (N/m$)^3$	ΔP/L (N/m$)^3$	ΔP/L (N/m$)^3$
0	0,00	0,00	0,00	0,00	0,00
0,0028	63,75	100,56	178,30	356,61	367,75
0,0057	161,81	150,82	297,15	574,55	755,94
0,0085	196,15	201,18	534,91	950,91	1205,38
0,0114	245,15	266,56	772,61	1307,52	1777,44
0,0142	294,19	352,05	1010,36	1664,12	2431,19

Foi efectuado um processo de regressão utilizando o programa Excel, com os valores de

$(\frac{\Delta P}{L})$ e v , obtendo-se correlações da forma:

Tabela 21. Correlação entre ΔP/L vs. v.

Dia	Correlação

3	$\Delta P/L = 26948\,v - 31419\,v^2$ (R^2 =0,984)
6	$\Delta P/L = 48501\,v + 2E{+}06\,v^2$ (R^2 =0,997)
9	$\Delta P/L = 98363\,v + 1E{+}06\,v^2$ (R^2 =0,997)
12	$\Delta P/L = 105460\,v + 5E{+}06\,v^2$ (R^2 =0,999)

4.2.1 Análise dimensional

Se as variáveis envolvidas no processo com as suas respectivas dimensões forem:

Quedas de pressão $\Delta P \left[ML^{-1}t^{-1} \right]$ — Comprimento do leito $L\,[L]$

Velocidade da superfície $v \left[Lt^{-1} \right]$ — Diâmetro específico das partículas $d_p\,[L]$

Viscosidade do fluido $\mu \left[ML^{-1}t^{-1} \right]$ — Densidade do fluido, ρ $\left[ML^{-3} \right]$

A partir do Teorema Pi de Buckingham, dado que temos $k = 6$ variáveis dimensionais e $r = 3$ dimensões básicas, o número de parâmetros sem dimensão é $k - r = 3$.

Π produtos.

Vamos a isso:

$$\Pi_1 = \Delta P \mu^a \rho^b d_p{}^c = M^0 L^0 t^0 \quad \Rightarrow \quad \left(ML^{-1}t^{-2}\right)\left(ML^{-1}t^{-1}\right)^a \left(ML^{-3}\right)^b (L)^c = M^0 L^0 t^0$$

$$\Rightarrow$$

$$M: a+b+1=0$$
$$L: -a-3b+c-1=0 \quad \Rightarrow \quad a=-2 \quad b=1 \quad c=2 \quad \Rightarrow$$
$$t: -a-2=0$$

$$\Pi_1 = \Delta P \mu^{-2} \rho d_p^{\,2} \quad \Rightarrow \quad \Pi_1 = \frac{\rho d_p^{\,2} \Delta P}{\mu^2}$$

$$\Pi_2 = \mu^d \rho^e d_p^{\,f} v = M^0 L^0 t^0 \quad \Rightarrow \quad \left(ML^{-1}t^{-1}\right)^d \left(ML^{-3}\right)^e (L)^f \left(Lt^{-1}\right) = M^0 L^0 t^0 \quad \Rightarrow$$

$$M: d+e=0$$
$$L: -d-3e+f+1=0 \quad \Rightarrow \quad d=-1 \quad \Rightarrow \quad f=1 \quad \Rightarrow \quad e=1$$
$$t: -d-1=0$$

$$\Pi_2 = \mu^{-1} \rho d_p v \quad \Rightarrow \quad \Pi_2 = \frac{\rho d_p v}{\mu}$$

$$\Pi_3 = \mu^g \rho^h D_p^{\,i} L = M^0 L^0 t^0 \quad \Rightarrow \quad \Pi_3 = \left(ML^{-1}t^{-1}\right)^g \left(ML^{-3}\right)^h (L)^i L = M^0 L^0 t^0 \quad \Rightarrow$$
$$M: g+h=0$$

$$L: -g-3h+i+1=0 \quad \Rightarrow \quad g=0 \quad i=-1 \quad h=0 \quad \Rightarrow$$

$$t: -g=0$$

$$\Pi_3 = d_p^{\,-1} L \quad \Rightarrow \quad \Pi_3 = \frac{L}{d_p}$$

Foram efectuadas operações entre os parâmetros para obter grupos adimensionais conhecidos:

$$\frac{\Pi_1}{\left(\Pi_2\right)^2} = \frac{\dfrac{\rho d_p^{\,2}\Delta P}{\mu^2}}{\left(\dfrac{\rho d_p v}{\mu}\right)^2} = \frac{\mu^2 \rho d_p^{\,2}\Delta P}{\mu^2 \left(\rho^2 d_p^{\,2} v^2\right)} = \frac{\Delta P}{\rho v^2}$$

$$(50)$$

$$\Pi_4 = \frac{\Delta P}{\rho v^2} = Eu \qquad \text{Número de Euler y } \Pi_2 = Re \text{ Número de Reynolds}$$

Obteve-se a seguinte equação dimensional:

$$\frac{\Pi_4}{\Pi_3} = f(\Pi_2) \Rightarrow \qquad Eu\left(\frac{d_p}{L}\right) = f(Re) \tag{51}$$

Os valores dos parâmetros adimensionais foram correlacionados $Eu\left(\frac{dp}{L}\right)$ vs Rep , tomando o tamanho efetivo das partículas dp como o tamanho médio da peneira d_{tam} , para as diferentes fases.

O melhor ajuste, em média, para todas as fases, medido pelo coeficiente R^2 , foi a forma potencial.

$$Eu\left(\frac{d_p}{L}\right) = a(Rep)^b \tag{52}$$

As equações seguintes foram obtidas a partir dos ajustamentos:

Tabela 22. Correlação entre Eu (dp/L) e Rep.

Dia	Correlação
0	Eu (dp/L) = (Rep)$^{-1.08}$ (R^2 =0,976)
3	Eu (dp/L) = (Rep)$^{-1.08}$ (R^2 =0,976)
6	Eu (dp/L) = 23118 (Rep)$^{-0.90}$ (R^2 =0,969)
9	Eu (dp/L) = 46071 (Rep)$^{-0.94}$ (R^2 =0,996)
12	Eu (dp/L) = 62519 (Rep)$^{-0.84}$ (R^2 =0,990)

Equação de colocação:

$$Eu\left(\frac{d_p}{L}\right) = a(Rep)^b \tag{53}$$

na forma:

$$Eu\left(\frac{dp}{L}\right)=a\left(\frac{\rho v d_p}{\mu}\right)^{b} \quad\Rightarrow\quad Eu\left(\frac{dp}{L}\right)=a\left(\frac{\rho v}{\mu}\right)^{b} d_p{}^{b} \quad\Rightarrow$$

$$\left(\frac{dp}{d_p{}^{b}}\right)=\frac{aL}{Eu}\left(\frac{\rho v}{\mu}\right)^{b} \Rightarrow dp^{1-b}=\frac{aL}{Eu}\left(\frac{\rho v}{\mu}\right)^{b} \Rightarrow \qquad dp=\left[\frac{aL}{Eu}\left(\frac{\rho v}{\mu}\right)^{b}\right]^{\frac{1}{1-b}}$$

(54)

Foi obtida uma relação entre o tamanho das partículas e os valores experimentais de perda de carga por unidade de comprimento, velocidade superficial e as constantes obtidas da análise dimensional. A partir da equação de Ergun, considerando que:

$$A=\frac{150(1-\varepsilon)^{2}\mu}{\varphi^{2}d_p{}^{2}\varepsilon^{3}} \qquad\qquad y\,B=\frac{1{,}75(1-\varepsilon)\rho}{\varphi d_p\varepsilon^{3}} \ , (55)$$

definimos as constantes C_1 e C_2 dadas por:

$$C_1=\frac{150(1-\varepsilon)^{2}\mu}{\varepsilon^{3}}v \qquad\qquad y\,C_2=\frac{1{,}75(1-\varepsilon)\rho}{\varepsilon^{3}}v^{2} \qquad (56)$$

para cada dado de fluxo, o que nos permite obter um valor médio do tamanho efetivo das partículas d_e , para cada fase do processo, através da equação:

$$\frac{\Delta P}{L}d_e{}^{2}-C_2 d_e-C_1=0 \qquad\qquad (57)$$

Como $d_e=\varphi\cdot d_p$, obtém-se o fator de forma ou esfericidade φ , através do qual se podem obter outros parâmetros físicos como a área superficial efectiva do leito, a permeabilidade, a porosidade, entre outros.

A partir da Equação $k=\dfrac{d_e{}^{2}}{A}\cdot\dfrac{\varepsilon^{3}}{(1-\varepsilon)^{3}}$ citada em [6], a permeabilidade do leito pode ser conhecida.

Por outro lado, a porosidade é obtida a partir da correlação dos valores da porosidade experimental e do fator de forma, derivados das correlações anteriores, onde se obteve a seguinte correlação entre a porosidade ε vs. fator de forma φ:

$$\varepsilon = 0{,}833 - 1{,}768\varphi + 30{,}65\ \varphi^2$$
$$(R^2 = 0{,}987)$$

Em resumo, foram obtidas as seguintes correlações para descrever o processo durante as diferentes fases, ver Tabela 23.

Tabela 23. Correlações entre o modelo de Ergun e a análise dimensional.

Dia	Modelo Ergun	Análise dimensional
0	$\dfrac{\Delta P}{L} = 28589v - 9{,}89\times10^4 v^2$	$Eu\left(\dfrac{dp}{L}\right) = 5126(Rep)^{-1{,}08}$
3	$\dfrac{\Delta P}{L} = 26948v + 3{,}14\times10^4 v^2$	$Eu\left(\dfrac{dp}{L}\right) = 8372(Rep)^{-1{,}24}$
6	$\dfrac{\Delta P}{L} = 48501v - 2\times10^6 v^2$	$Eu\left(\dfrac{dp}{L}\right) = 23118(Rep)^{-0{,}90}$
9	$\dfrac{\Delta P}{L} = 98363v + 1\times10^6 v^2$	$Eu\left(\dfrac{dp}{L}\right) = 46071(Rep)^{-0{,}94}$
12	$\dfrac{\Delta P}{L} = 105460v + 5\times10^6 v^2$	$Eu\left(\dfrac{dp}{L}\right) = 62519(Rep)^{-0{,}84}$

CONCLUSÕES

A estrutura física do material lignocelulósico derivado da casca de laranja é caracterizada por um elevado teor de humidade, uma densidade em base húmida próxima da densidade da água.

O leito fixo de casca de laranja moída, com uma ampla gama de malhas na crivagem 14<mesh<3, apresenta uma elevada porosidade, o que permite uma dinâmica de fluxo de ar, caracterizada por baixas quedas de pressão por unidade de comprimento do leito, adequadas a um processo fermentativo aeróbio eficiente.

No desenvolvimento ao longo do tempo do processo de fermentação em estado sólido, há evidências de uma diminuição da porosidade do leito, devido ao aumento do tamanho das partículas (peneira), por associação de finos causados pelo crescimento da flora microbiana. Este facto é também evidenciado pelo aumento da queda de pressão a velocidades superficiais iguais ao longo do tempo.

O sistema comporta-se de acordo com os modelos propostos na literatura, que consistem numa relação quadrática da perda de carga por unidade de comprimento em relação à velocidade, como o modelo de Ergun.

A análise dimensional estabelece a dependência do sistema em relação aos parâmetros adimensionais Eu, Rep e dp/L, derivados das variáveis envolvidas no processo.

O ajustamento dos dados de $\Delta P/L$ vs v, permitiu obter um modelo quadrático para cada fase do processo, a partir do qual podem ser calculados os parâmetros físicos, tamanho efetivo das partículas (d_e) e fator de forma (φ) , , que têm a forma seguinte:

$$\frac{\Delta P}{L} = Av + Bv^2$$

em que os valores de A e B variam com o tempo.

A análise dimensional permitiu-nos obter um modelo potencial da forma:

$$Eu\left(\frac{d_{tam}}{L}\right) = a\left(Rep\right)^{b}$$

em que as constantes a e b variam em cada fase e a partir das quais se pode obter a granulometria média ao longo do tempo.

A porosidade diminui com a diminuição do fator de forma, seguindo um modelo quadrático, obtido através do ajuste dos valores de porosidade em função do fator de forma.

PERSPECTIVAS FUTURAS

Devido ao número de factores envolvidos no processo de fermentação em estado sólido (SSF), é pertinente considerar algumas alternativas de análise, por exemplo:

- Efetuar o estudo para uma granulometria específica, peneirar o material moído e retirar uma malha ou separar em várias malhas e analisar cada fração separadamente.

- Alargar o procedimento a outros substratos.

- Considerar outras relações entre o comprimento do biorreactor e o diâmetro do biorreactor.

REFERÊNCIAS BIBLIOGRÁFICAS

[1] González Santillán, M. K. (2023). Análise estrutural e propriedades de adsorção de biochar a partir de resíduos orgânicos (café moído, casca de laranja e abacate). (Tese de licenciatura em Biotecnologia). Faculdade de Ciências. Universidade Autónoma do Estado do México.

[2] Chandler, C., Ferrer, J., Mármol, Z., Páez, G., Ramones, E., & Perozo, R. (2008). Efeito do arejamento na compostagem do bagaço de cana-de-açúcar. Multiciencias , 19-27.

[3] Berradre, M., Mejías, M., Ferrer, J., Chandler, C., Páez, G., Mármol, Z., et al. (2009). Fermentação em estado sólido de resíduos gerados na indústria vitivinícola. Revista Facultad de Agronomía LUZ , 398-422.

[4] Mohee, R., & Mudhoo, A. (2005). Análise das propriedades físicas de uma matriz de compostagem em vaso. *Powder Technology* , 92-99.

[5] Richard, T. L., Veeken, A. H., de Wilde, V., & Hamelers, H. V. (2004). Porosidade preenchida com ar e relações de permeabilidade durante a fermentação em estado sólido. *Biotechnology Progress* , 1372-1381.

[6] Ahn, H., Richard, T., & Glanville, T. (2007). Determinação laboratorial dos parâmetros físicos do composto para modelação das características do fluxo de ar. *Waste Management* , 660-670.

[7] Ruggieri, L., Gea, T., Artola, A. & Sánchez, A. (2009). Medições da porosidade preenchida com ar por picnometria de ar no processo de compostagem: Uma revisão e uma análise de correlação. *Bioresource Tecnology* , 2655-2666.

[8] Olivares, G., Barbosa, L., Roca, G., Brosard, L. (2008). Correlações Empíricas Aproximadas para a Caracterização das Propriedades Físicas e Geométricas da Biomassa Particulada Sólida: Estudos de Caso do Capim Elefante e do Lixo da Cana-de-Açúcar.

[9] Olivares, E., Roca, G. A., Glauco, C., & Barbosa, L. A. (2006). Caracterização do bagaço de cana-de-açúcar. Parte I: Características físicas. Anais Scielo.

[10] Wu, J.-S., & Yin, S.-X. (2009). Um Modelo de Micro-Mecanismo para Meios Porosos. *Comunicações em Física Teórica*, 936-940.

[11] Niven, R. K. (2002). Physical insight into the Ergun and Wen & Yu equations for fluid flow in packed and fluidised beds. *Chemical Engineering Science*, 527-534.

[12] Darby, R. (2001). Mecânica dos Fluidos em Engenharia Química. (2da Edición). Nueva York, USA: Marcel Dekker Inc.

[13] Dullien, F. A. L. (1992). Meios Porosos. (2da Edición). Califórnia, EUA: Academic Press Inc.

[14] McCabe, W., Smith, J. & Harriot, P. (1991). Operações unitárias em engenharia química (4ª edição). Espanha: McGraw Hill.

[15] Levenspiel, O. (1993). Escoamento de fluidos e troca de calor. Espanha: Editorial Revesté, S.A.

[16] Munson, B. R., Young, D.F., Okiishi, T. H. & Huebsch, W. (2009). Fundamentos da Mecânica dos Fluidos. (6ta Edición). Jefferson City, EUA: John Wiley & Sons.

[17] Shaughnessy, E. J., Katt, I. M. & Shaffer, J. (2005). Introdução à Mecânica dos Fluidos. (1era Edición). Nueva York, USA: Oxford University Press.

[18] Ferrer, J.R., Páez, G., Mármol, Z., Ramones, E., Chandler, C., Marin, M & Ferrer, A. Agronomic use of biotechnologically processed grape wastes. *Bioresource Technology*, 76(1), 39-44. 2001.

[19] Viniegra-González G. (1997). *Fermentação em estado sólido: Definição, características, limitações e controlo.* Em Roussos, S.; Lonsane B. K.; Raimbault M. e Viniegra-González, G. Eds. Advances in

Solid State Fermentation, Kluwer Acad. Publ., Dordrecht, Capítulo 2: pp. 5-22.

[20] Ferrer, J.R., Machado, J.L. & Brieva, J. (2014). Fermentação em estado sólido: uma alternativa biotecnológica para o aproveitamento de resíduos agroindustriais. Revista URU Tecnocientífica, 7, 11-22.

[21] Ellaiah, P., Adinarayana, Y., Bhavani, P., Padmaja, B., & Srinivasulu. (2002). Otimização dos parâmetros do processo de produção de glucoamilase em fermentação em estado sólido por uma espécie de Aspergillus recentemente isolada. *Process Biochemistry*,38,615-620.
(1ra Edición) Universidade de Andhra, Índia.

[22] Bhargav, S., Panda, B., Ali, m., & Javed, S. (2008). Solid state fermentation: An overview. *Chem. Biochem. Eng. Q.,* 22 (1), 49-70.

[23] Ferrer, J. R. e Medina, A. (2024). Fermentação em estado sólido. Espanha: Editorial Académica Española.

[24] Machado, J. L. (2013). Modelo Empírico para Previsão das Propriedades Estruturais de Leitos Fixos de Material Lignocelulósico durante o Processo de Fermentação Sólida. (Tese de Magister Scientiarum em Ciências Aplicadas Área: Física). Faculdade de Engenharia. Universidade de Zulia. Venezuela.

[25] Hurtado, J. (2010). O projeto de investigação. Caracas, Bogotá: Ediciones Quirón.

[26] Tahir, Z., Khan, M. I., Ashraf, U., RDN, A. I. & Mubarik, U. (2023). Aplicação industrial de resíduos de casca de laranja; uma revisão. International Journal of Agriculture and Biosciences, 12(2), 71-76. https://doi.org/10.47278/journal.ijab/2023.046